早餐力ing：
正在风靡全球的

对称早餐

吴艳霞◎著

黑龙江科学技术出版社
HEILONGJIANG SCIENCE AND TECHNOLOGY PRESS

图书在版编目（ＣＩＰ）数据

早餐力ing：正在风靡全球的对称早餐 / 吴艳霞著
. -- 哈尔滨：黑龙江科学技术出版社，2018.1
　　ISBN 978-7-5388-9349-6

　Ⅰ．①早… Ⅱ．①吴… Ⅲ．①食谱 Ⅳ.
①TS972.12

中国版本图书馆CIP数据核字(2017)第252774号

早餐力ing：正在风靡全球的对称早餐

ZAOCAN LI ING: ZHENGZAI FENGMI QUANQIU DE DUICHEN ZAOCAN

作　　者	吴艳霞
责任编辑	徐　洋
摄影摄像	深圳市金版文化发展股份有限公司
策划编辑	深圳市金版文化发展股份有限公司
封面设计	深圳市金版文化发展股份有限公司
出　　版	黑龙江科学技术出版社
	地址：哈尔滨市南岗区公安街70-2号　邮编：150007
	电话：（0451）53642106　传真：（0451）53642143
	网址：www.lkcbs.cn　www.lkpub.cn
发　　行	全国新华书店
印　　刷	深圳市雅佳图印刷有限公司
开　　本	889 mm×1194 mm　1/32
印　　张	6
字　　数	120千字
版　　次	2018年1月第1版
印　　次	2018年1月第1次印刷
书　　号	ISBN 978-7-5388-9349-6
定　　价	39.80元

Good morning!
幸福从早餐开始

> 对称早餐，英文名为"Symmetry Breakfast"，讲究将早餐做成像照镜子一样的对称双人份，除了主食外还搭配有饮料或蔬果等。它是一个始于2013年的英国私人美食/摄影项目，此后便风靡欧美，进而在日本、韩国、中国台湾地区也掀起风潮。

遇见他之前，我的早餐午餐基本是一起吃的，做事儿经常是三分钟热度，坚持一件事更不可能超过一个月，似乎没有一个好的生活习惯，每天穿梭在家和公司之间，规律而忙碌着。

遇见他之后，我开始培养好的生活习惯，比如规律的饮食，定期的运动，开始尝试着下厨，早起做对称早餐……正在一点一点变成自己喜欢的样子，因为遇见了喜欢的他，我开始慢慢变得更好了！

每天早晨的第一餐，是为了给心爱的人满满的能量补给，丰盛的营养加上满满的爱心，让一整天都充满了活力。

那个和我一起吃早餐的人曾对我说："与其说喜欢你做的食物，不如说喜欢你勤劳诚恳的双手。"幸福大概就是有我有你，与爱的一切。

至今，做对称早餐这个习惯我坚持了365天，我认为它有很大的希望到达1000天，甚至10000天……

这一年，我坚持不懈地在朋友圈和美食APP上分享自己做的早餐，最值得开心的就是跟随着我一起认认真真吃早餐的人儿越来越多。一个好的习惯自己坚持下来并从中获益，本来就是一件值得欢喜的事情！

每天做一份丰盛的对称早餐，让彼此享受在一起的幸福生活，这是一种爱，对家人、对生活，也是对自己。表达爱的方式有无数种，在这个有阳光的早晨，可以从一顿营养的对称早餐开始！

吴艳霞

美食自媒体《吴厨不在》制作人

CONTENTS
目录

Chapter 3

晨养之道，这些粥彻底改变了我

养胃饼&米线，充满爱心的全家餐点

Chapter 5

幸福西点，两个人的甜蜜食光

Chapter 6

快手料理，乐活族的早午餐提案

Chapter 1

有意面，不孤单

一种意面，多种做法，

将手中的意面玩出新花样，

用不同的食材烹饪出不一样的意面，

在享受饱腹感的同时，

品味精致可口的盘中餐。

形状可爱的蝴蝶意面，配以营养满分的蔬菜、口感
细腻的牛肉末，简单又美味的餐点即刻完成！

蔬菜牛肉末蝴蝶意面&柠檬水

材料

蝴蝶意面………… 适量

牛肉末…………… 适量

橄榄油…………… 适量

胡椒粉…………… 适量

盐 ……………… 少许

凉开水…………… 适量

胡萝卜…………… 适量

黄瓜……………… 适量

白糖……………… 适量

薄荷叶…………… 少许

青柠片……………2片

核桃………………2个

做法

1　取适量的橄榄油在锅里烧热，加入牛肉末翻炒至熟，捞出备用。

2　将胡萝卜和黄瓜切丁，入油锅小火炒至熟透。

3　把炒熟的牛肉末倒入锅中，加入适量的盐和胡椒粉，搅拌均匀就可以关火了。

4　另取一锅，倒入清水煮开后取适量的蝴蝶意面煮3~5分钟。

5　在锅中加少许盐使意面入味。

6　意面煮熟后捞出装盘，再浇上蔬菜牛肉末，用薄荷叶稍作点缀。

7　配上核桃食用，营养更为全面。

8　将青柠片放在杯中，倒入凉开水，按个人喜好放入白糖搅拌均匀就可以饮用了。

红与绿的碰撞，当爽脆微甜的卷心菜和胡萝卜遇上
柔性十足的意大利面，味道出乎你的意料。

卷心菜意面配白煮蛋&胡萝卜汁

材料

意大利面⋯⋯⋯⋯200克

胡萝卜⋯⋯⋯⋯⋯125克

洋葱⋯⋯⋯⋯⋯⋯适量

大蒜⋯⋯⋯⋯⋯⋯适量

法香⋯⋯⋯⋯⋯⋯适量

盐⋯⋯⋯⋯⋯⋯⋯少许

白葡萄酒⋯⋯⋯⋯适量

橄榄油⋯⋯⋯⋯⋯适量

凉开水⋯⋯⋯⋯⋯适量

薄荷叶⋯⋯⋯⋯⋯4片

白煮蛋⋯⋯⋯⋯⋯2个

卷心菜⋯⋯⋯⋯⋯适量

核桃⋯⋯⋯⋯⋯⋯适量

做法

1 将卷心菜、一部分胡萝卜切丝，洋葱、大蒜切末。然后在锅内加入清水烧开，放入意大利面、橄榄油和盐煮熟，沥水备用。

2 取一平底锅，倒入橄榄油烧热，放入洋葱、大蒜炒香。

3 再放入卷心菜、胡萝卜和意大利面翻炒，撒盐，淋上白葡萄酒炒匀装盘，撒上适量法香，放上白煮蛋和核桃搭配。

4 再将剩余胡萝卜切块放入搅拌机中，加入凉开水，榨取胡萝卜汁装杯，最后放上薄荷叶点缀即可。

全素搭配，让这一款意面吃起来既有素食的清淡又有肉食的口感，这样独特的早餐，你也来试试吧！

杂菌意面配猕猴桃&柠檬水

材料

意大利面 ··········· 20克

口蘑 ·············· 80克

香菇 ·············· 50克

橄榄油 ············· 少许

黑橄榄 ············· 适量

洋葱 ·············· 适量

大蒜 ·············· 适量

法香 ·············· 适量

紫苏 ·············· 适量

盐 ··············· 适量

温水 ·············· 适量

薄荷叶 ············· 2片

青柠片 ············· 2片

猕猴桃 ············· 1个

做法

1 在锅内注入适量清水烧开。

2 放入意大利面、盐和少许橄榄油煮熟，沥水备用。

3 蘑菇均匀切片，黑橄榄切圈，然后把洋葱、大蒜均匀切碎放入盘中备用。

4 在平底锅中注入少许橄榄油烧热，放入紫苏、洋葱、大蒜、蘑菇和黑橄榄翻炒至熟。

5 再放入意大利面翻炒，撒适量盐和法香调味装盘，放上薄荷叶点缀即可。

6 摆上口感酸甜的猕猴桃一同食用，于人体十分有益。

7 在杯中放上青柠片，再倒入适量温开水冲泡。

8 待杯中散发出淡淡的柠檬香味时，饮品就完成了。

正如菜名所言，西式面条搭配中式做法，这样做出来的意面味道也十分特别。

中式意面配荷包蛋&百香果汁

材料

意大利面·········200克
葱末 ···············50克
鸡蛋 ················2个
蚝油 ···············适量
盐 ··················少许
橄榄油 ·············少许
黑芝麻 ·············适量
温水 ···············适量
白糖 ···············适量
百香果 ··············3个
核桃 ················2个

做法

1　在锅内注入适量清水烧开，放入意大利面、橄榄油和盐煮熟，沥水装盘。

2　热油锅，放入葱末炸香，撒少许盐和蚝油调味后，捞出撒在意大利面上做装饰。

3　在锅中注入橄榄油，分别煎出两个鸡蛋，加入适量的黑芝麻调香。

4　把煎好的鸡蛋放在意大利面中，配上2个百香果、核桃，使早餐更丰富。

5　将1个百香果洗净后对半切开，挖出果肉放入杯中，加入适量的白糖和温水拌匀即可。

清新而不腻味的意大利面，配上淡淡的牛油果香，
真的让人食欲大开！

牛油果三文鱼意大利面&柠檬水

材料

意大利面·········200克
牛油果·············1个
三文鱼薄片·········2片
橄榄油············少许
胡萝卜·············适量
金针菇·············适量
盐·················少许
绍酒···············适量
胡椒粉·············适量
葱花···············适量
温开水·············适量
蜂蜜···············适量
柠檬·············1/2个
核桃···············2个

做法

1 锅内注入适量清水烧开，放入意大利面、橄榄油和适量盐煮熟，沥水备用。

2 将牛油果果核挖出，然后用刀背将果肉碾压成酱状备用。

3 取出三文鱼薄片，用盐、胡椒粉、绍酒腌渍5分钟。

4 将胡萝卜切成丝状，金针菇清洗干净备用。

5 在锅内烧开水后，加入少许橄榄油、盐，将胡萝卜焯水。

6 将三文鱼片卷上金针菇和胡萝卜，放入提前预热的烤箱内，以上下火200℃的温度烤5分钟。

7 在意大利面中淋上牛油果酱，再放上三文鱼金针菇卷装饰，撒入少许胡椒粉和葱花。

8 再放上核桃作为早餐的营养搭配。

9 将柠檬切成片状和块状放入杯中，注入适量的温开水，兑上蜂蜜拌匀就完成了。

早餐手札

意大利面，又称为意粉，以面条类别区分也有通心粉之称。它是国外的面制品之一，也是西餐品种中和中国人饮食习惯最为接近的一种食品。由于其外形不一，所有的类型加起来据说有上百种。再加上不同的烹饪方式和酱汁搭配，就能够制成上千种意大利面。

都说吃面食容易让人长胖，但意大利面却是个例外。因为意大利面的制作原料中，使用的是杜兰小麦，而这种小麦是小麦品种中硬质最高的，因此它也是制作意大利面的法定原料。

其本身的高密度、高蛋白质和高筋度，使得意大利面成品具备耐煮的特性，熬煮好的意大利面紧实有弹性，口感极好。

深绿色的菠菜和淡黄色的鸡蛋，配着意大利面食
用，丰富了意面的颜色，也提升了早餐的营养。

菠菜意面配双果&百香果汁

材料

意大利面·········200克

菠菜················20克

苹果···············1/2个

梨·················1/2个

鸡蛋···············1个

红椒···············适量

橄榄油·············适量

洋葱···············适量

盐················少许

温开水·············适量

黑胡椒·············适量

葱花···············适量

核桃···············2个

百香果·············1个

做法

1 菠菜去根焯烫摆盘，洋葱、红椒切丝。

2 将清水烧开，放入意大利面、橄榄油
   和盐煮熟后摆盘，用红椒丝点缀，再
   撒上适量的黑胡椒。

3 热油锅，放入洋葱丝炒香，加入意大
   利面略炒，撒盐调味。

4 另置一锅，倒入少许橄榄油烧热，然
   后倒入鸡蛋和葱花炒熟。

5 将苹果和梨切块摆入盘中。

6 取百香果果肉放入杯中，兑入适量的
   温开水，摆上核桃搭配即可。

早餐手札

　　牛油果，又被称作鳄梨、油梨、奶油果等，是一种有名的热带水果。其外形与梨相似，表层颜色通常为深绿色。果核很大，果肉为浅绿色，食用口感极为软滑，因为味道和黄油一般，故而有"森林的牛油"之称。

　　这样一个不起眼的水果，却能够通过不同的配搭方式，呈现不一样的食用效果。将果核取出，碾碎果肉可以拌着白糖食用，吃起来口感与奶油无异；还可以将牛油果切片蘸酱油，味道和三文鱼一样。

　　除了食用价值，牛油果本身富含多种维生素、脂肪和蛋白质，常被提炼成化妆品保养品，有抗衰老、美容养颜的功效。

番茄在这道菜中起到决定性的作用，放上少许的意
大利面，它就是一个可以食用的番茄盅。

番茄酿意面配百香果&莲子薏米羹

材料

意大利面·········200克
大番茄··············3个
胡萝卜············适量
青豆················适量
培根················适量
洋葱················适量
大蒜················适量
盐················适量
白葡萄酒··········适量
橄榄油············适量
开水················适量
速冲莲子薏米羹···2包
百香果··············2个

做法

1　锅内注入适量清水烧开，放入意大
利面、橄榄油和适量盐煮熟，沥水
备用。

2　番茄切去1/4的头部，把3/4番茄挖去
果肉备用。

3　培根切末，洋葱、大蒜切碎，胡萝卜
切粒备用。

4　在去心的番茄中，加入大蒜、白葡
萄酒、橄榄油和盐略腌渍一下，以
180℃的温度烤3分钟。

5　在平底锅中注入适量橄榄油烧热，加
入大蒜、洋葱炒香。

6　加入培根末、青豆、胡萝卜粒、意大
利面，撒上少许盐调味，翻炒均匀后
酿入番茄内盛盘。

7　口感酸甜又营养满分的百香果也是早
餐的搭配之一。

8　将速冲莲子薏米羹倒入杯中，兑入适
量开水冲泡就可以了。

坚果和意大利面的搭配你尝试过吗？当坚果的香味
伴随着意面弥漫开来，这是一种别样的美味享受。

青豆干果意面配火龙果&柠檬水

材料

意大利面·········200克

青豆··············50克

松子··············适量

核桃··············适量

腰果··············适量

洋葱··············适量

大蒜··············适量

盐················少许

黑胡椒粉··········适量

橄榄油············适量

温开水············适量

白糖··············适量

青柠片·············2片

火龙果·············适量

做法

1　锅内注入适量清水烧开，放入意大利面、橄榄油和适量盐煮熟，沥水备用。

2　在平底锅中注入适量橄榄油烧热，再放入洋葱、大蒜炒香。

3　放入青豆、松子、核桃、腰果、意大利面，用少许盐调味，翻炒均匀。

4　将炒好的意大利面装盘，撒上少许黑胡椒粉就完成了。

5　切开火龙果，用挖勺器将果肉挖出，然后再把挖好的果肉倒入去心的火龙果中。

6　在杯中放入青柠片，加入白糖，用温开水搅拌至白糖溶化就做好了。

薄荷的清凉味道和松子独特的香气，让人有一种在
雾霭中漫步于草地的清凉感觉。

薄荷意面配杏仁&黄瓜汁

材料

意大利面·········200克

薄荷叶·············适量

松子················适量

盐 ················少许

淡奶油············适量

橄榄油············适量

黄瓜················3根

杏仁···············适量

做法

1 薄荷叶洗净，备用。

2 平底锅小火把松子仁煎烤2～3分钟。

3 在锅内注入清水，放入意大利面、橄榄油和少许盐煮熟，沥水备用。

4 将洗净的薄荷叶、煎烤过的松子仁放入搅拌机，边搅拌边加入少许橄榄油拌成酱。

5 在平底锅中注入少量橄榄油烧热，加入制作好的薄荷酱略微翻炒。

6 放入煮熟的意大利面，倒入适量的淡奶油和盐调味，翻炒均匀装盘，最后用薄荷叶点缀。

7 搭配着杏仁食用，对人体有很大的好处。

8 将黄瓜清洗干净，去皮切块。

9 放入榨汁机榨汁后，倒入杯中。

细腻的肉质口感伴着Q弹的管状空心意面，将会带
给你不一样的味觉体验。

番茄牛肉空心意面&玉米汁

材料

意大利面·········200克
牛肉 ················ 适量
番茄 ················ 适量
葱段 ················ 适量
盐 ·················· 适量
橄榄油 ············· 适量
蒜末 ················ 适量
白糖 ················ 适量
凉开水 ············· 适量
玉米粒 ············· 适量
红提 ················ 4颗
核桃 ················ 2个

做法

1 锅内注入适量清水烧开，放入意大利
  面、橄榄油和少许盐煮熟，沥水备用。

2 将牛肉、番茄洗净，番茄去蒂切块，
  牛肉剁成肉糜备用。

3 热油锅，放入蒜末、牛肉糜、番茄炒
  香。加入意大利面和葱段略微翻炒，
  撒盐调味，盛出装盘。最后放上红提
  和核桃。

4 将玉米粒蒸熟，放入榨汁机中，再加
  入适量的凉开水和白糖进行榨汁。

5 最后把玉米汁过滤到杯中就完成了。

Chapter 2

有温度的三明治，吃出惊喜美味

薄薄的吐司片，

搭配着不一样的作料，

就制成了一道道独一无二的三明治。

一口三明治伴着一口果饮，

这顿早餐好惬意！

想要吃到沙拉一样的蔬果营养，又要追求吃得足够
饱？那么就来试试这道别致的蔬菜烘蛋三明治吧！

蔬菜烘蛋三明治配双果&酸奶

材料

吐司 ················2片

鸡蛋 ················2个

红提 ················4颗

核桃仁 ···········6个

白糖 ················适量

黄瓜 ················适量

紫甘蓝 ···········适量

酸奶 ················适量

狝猴桃片 ········2片

做法

1　取两个空碗，将蛋白和蛋黄分离，蛋白和蛋黄分别盛放在碗中。

2　在蛋白中加入适量的白糖，用电动打蛋器打到硬性发泡。

3　打好的蛋白用勺子分别涂抹在两片吐司周围，中间留个洞放入蛋黄。

4　烤箱预热，以140℃的温度烤15分钟左右。

5　取出烤好的吐司，切分后摆入盘中。

6　分别把黄瓜切片，紫甘蓝切丝放在餐盘上点缀。

7　狝猴桃片、核桃仁和红提一起放在餐盘中，满足早餐的营养之余，又起到了装饰的作用。

8　将酸奶倒入杯中搭配早餐饮用。

翠绿色的牛油果泥涂抹在吐司上，让平淡无奇的吐
司亮眼了不少，点缀上其他蔬果，早餐就完成了。

牛油果三明治&莲子薏米羹

材料

吐司 …………………… 适量

生菜 …………………… 适量

蓝莓 …………………… 适量

牛油果 ………………… 适量

核桃仁 ………………… 适量

开水 …………………… 适量

圣女果 ………………… 2颗

水煮蛋 ………………… 1/2个

速冲莲子薏米羹 … 2包

做法

1 将吐司沿着对角线切开，水煮蛋去壳切块。

2 将生菜、圣女果、蓝莓洗净，切好备用。

3 牛油果洗净切块，用勺子压成泥。

4 在切好的吐司上涂上一层牛油果泥。

5 在盘子上铺上生菜，放上涂抹好果泥的吐司，再用蓝莓、核桃仁、鸡蛋、圣女果点缀。

6 将速冲莲子薏米羹倒入杯中，用开水冲泡莲子薏米羹，直至粉末溶化即可饮用。

精心包装过的三明治，乍看之下，如同一个等待拆开
的礼物，让人忍不住抱着满心期待去品尝它的味道。

包装三明治配香橙蓝莓&咖啡

材料

长面包……………………1条

即食火腿………… 适量

番茄…………… 适量

西芹…………… 适量

蓝莓…………… 适量

开水…………… 适量

黑咖啡……………2包

香橙片……………2片

做法

1　长面包切成两份，再从面包一侧切开备用。

2　番茄、西芹洗净，番茄切块，西芹切段，即食火腿切片备用。

3　在切好的面包上铺上番茄、西芹、火腿片，再盖上一片面包。

4　用折好的油纸裹住面包，绑上丝带。

5　最后放上香橙片和洗净的蓝莓。

6　将黑咖啡粉倒入杯中，倒入开水冲泡，搅拌至咖啡粉溶化即可饮用。

几片吐司，几种蔬果，稍微发挥一下创意，不一样
的摆盘就可以做出不一样的菜式。

房形开放式三明治&莲子薏米羹

材料

吐司 ·················2片
猕猴桃 ············适量
苹果 ·················适量
葡萄 ·················适量
红心火龙果 ·······适量
核桃仁 ············适量
青菜碎 ············适量
开水 ·················适量
速冲莲子薏米羹 ···2包

做法

1　吐司切边，剩下的切成方块备用。

2　把猕猴桃、苹果、葡萄、红心火龙果
　　清洗干净，切好备用。

3　在盘子上用吐司边和吐司块摆出房子
　　的形状。

4　在吐司块上铺上备好的水果，用核桃
　　仁和青菜碎点缀摆盘。

5　将速冲莲子薏米羹倒入杯中，加入开
　　水冲泡，搅拌至粉末溶化。

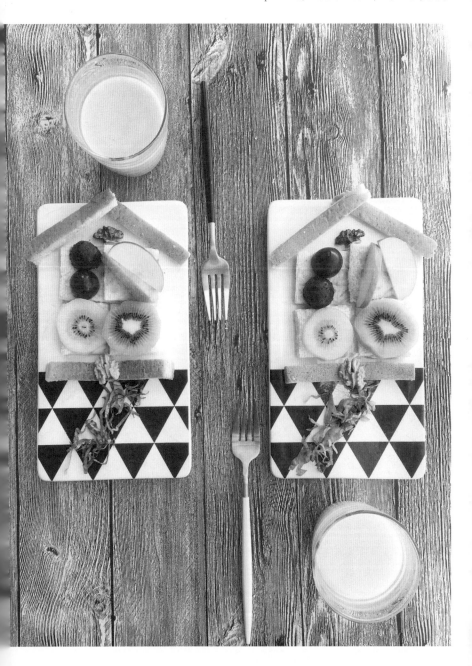

利用小小的纸盒，将所有的材料组合在一起，制成
一道别具特色的花样早餐。

口袋三明治配葡萄&莲子薏米羹

材料

吐司 …………… 适量

番茄 …………… 适量

生菜 …………… 适量

即食火腿………… 适量

鸡蛋 …………… 适量

胡萝卜 ………… 适量

黄瓜 …………… 适量

紫甘蓝 ………… 适量

开水 …………… 适量

葡萄 ……………4颗

核桃仁…………6个

速冲莲子薏米羹…2包

做法

1　番茄、生菜、葡萄、黄瓜、胡萝卜、紫甘蓝洗净后切好备用。

2　鸡蛋放入锅中煮熟后捞出，去壳切成片状。

3　在吐司上依次铺上番茄、即食火腿、鸡蛋。

4　再铺上吐司，放上切好的胡萝卜和黄瓜。盖上一块吐司，铺上生菜和紫甘蓝，最后铺一层吐司。

5　将吐司一分为二，放入三明治纸盒中，最后加入葡萄和核桃仁点缀。

6　将速冲莲子薏米羹粉倒入准备好的杯子中。

7　加入开水，待莲子薏米羹粉末溶化就可以饮用了。

水果的香甜配着吐司的奶香，简单的食材，不简单的味道。

水果开放式三明治配鸡蛋圣女果&牛奶

材料

吐司	适量
蓝莓	适量
香蕉	适量
秋葵	适量
牛奶	适量
草莓	2颗
圣女果	3颗
白煮蛋	1个

做法

1 吐司沿着对角线切开备用。

2 洗净蓝莓、圣女果、草莓，将香蕉去皮切块，圣女果对半切开备用。

3 白煮蛋去壳，切好备用。

4 在盘子中放入切好的吐司，铺上蓝莓、圣女果、香蕉、草莓和鸡蛋。

5 最后再铺上一片吐司盖住轻压，放上秋葵点缀摆盘。

6 在准备好的杯子中倒入适量牛奶即可饮用。

满满的香蕉片铺在吐司上，和深色的蔬果组合在一起
相得益彰，颜色虽不复杂，却一样被它引起了食欲。

香蕉开放式三明治配蔬果&牛奶谷麦圈

材料

吐司 ……………………2片
香蕉 ……………………适量
亚麻籽粉…………适量
谷麦圈 …………………适量
牛奶 ……………………适量
猕猴桃片…………4片
葡萄 ……………………2颗
黄瓜 ……………………1/4根
核桃 ……………………2个

做法

1　取两片吐司装盘备用。

2　香蕉去皮后切块，铺在吐司上。

3　在香蕉上撒上适量的亚麻籽粉即可。

4　黄瓜切成条状摆放在盘中。

5　最后放上猕猴桃片、葡萄、核桃进行点缀。

6　将适量的谷麦圈倒入杯中。

7　加入牛奶浸泡就完成了。

早餐手札

香蕉果皮通黄，果肉香甜软糯，十分可口。除了平时拿来做水果单独食用，还可以搭配其他食材制成沙拉或甜品。作为人们经常食用的一种水果，它对于人体也有不可忽视的作用，其本身富含钾和镁，能够防止血压上升，还有消除疲劳的效果。同时，它还有促进肠胃蠕动、润肠通便、润肺止咳等作用。

另外，香蕉品尝起来虽然有甜度，但其热量却十分低。又因为香蕉含有丰富的食物纤维，对于减肥者而言，它也是首选水果之一，极高的营养价值能够很好地帮助减肥者摄取各种的营养素，保证身体所需的能量来源。

用最短的时间，做出营养与美味兼具的早餐。

紫薯吐司配西蓝花鸡蛋香肠&莲子薏米羹

材料

吐司 ············· 适量

紫薯 ············· 适量

香肠 ·············2根

白煮蛋 ···········1个

西蓝花 ···········适量

开水 ············· 适量

速冲莲子薏米羹···2包

做法

1. 吐司一部分切成方形，一部分用模具切成圆形。

2. 将煮熟的紫薯打成泥，涂抹在吐司上，然后再盖上吐司。

3. 西蓝花焯水处理，香肠下锅微煎，白煮蛋去壳后对半切开，一起摆盘。

4. 在杯中倒入速冲莲子薏米羹，用适量开水冲泡至溶化即可。

早餐手札

紫薯又叫黑薯，如同它的名字，紫薯的肉色呈深紫色，除了普通红薯所具备的营养成分之外，它还富含蛋白质、淀粉、果胶、纤维素、维生素及多种矿物质，同时还有硒元素和花青素。其中的硒还有抗癌的作用，可以预防胃癌、肝癌等的发生。

紫薯中的纤维素，可以促进肠胃蠕动，通便排毒，改善消化道的环境。而且紫薯自身所含的脂肪非常少，热量也很低，所以是减肥瘦身者喜爱的健康食品之一。

在烹饪方式上，紫薯可以直接蒸煮食用，也可以做成甜品饮料等。另外，由于紫薯本身的颜色，可以将紫薯融入糕点中，用作点缀，丰富糕点的色彩。

蔬菜和吐司的搭配，新颖之外又意外的好吃！

爱心吐司配三丝蔬菜&百香果柠檬汁

材料

爱心吐司…………4片

车厘子…………适量

胡萝卜…………适量

黄瓜…………适量

香菇…………适量

胡椒粉…………适量

盐…………少许

青柠…………2片

温水…………适量

百香果…………1个

做法

1　将爱心吐司和车厘子摆放在盘子上。

2　胡萝卜、黄瓜切丝摆盘，香菇切丝后入锅加入盐和胡椒粉翻炒至熟。

3　将炒熟的香菇一同摆在盘中搭配着吐司食用。

4　百香果洗净后，取果肉放入杯中，加入青柠片。

5　再加入适量温水拌匀即可。

在惬意的清晨，哼着最爱的小调，动手为他做一份
简单营养的早餐。

草莓吐司配秋葵虾仁玉米&柠檬水

材料

吐司 ……………………1片

虾仁 ……………………4个

草莓 ……………………适量

秋葵 ……………………适量

玉米 ……………………适量

薄荷叶 …………………适量

柠檬片 …………………适量

核桃 ……………………2个

温水 ……………………适量

做法

1　吐司沿着对角线切成四等份。

2　玉米入蒸锅蒸熟后，剥下玉米粒备用。

3　将虾仁、秋葵放入锅中煮熟，秋葵部分切片。

4　草莓洗净，切成片状。

5　将吐司片摆盘，放上虾仁、玉米粒、秋葵、草莓和核桃。

6　将适量的柠檬片放入瓶中，倒入温水泡一段时间。

7　把泡好的柠檬水倒入杯中，放上薄荷叶点缀即可。

铺着两种水果的吐司，一次就可以享受到不同的搭配风味。

双果吐司配蔬菜虾仁&柠檬水

材料

吐司 ……………… 1片
猕猴桃 ………… 适量
虾仁 ……………… 6个
草莓 …………… 适量
紫甘蓝 ………… 适量
胡萝卜 ………… 适量
核桃仁 ………… 2个
柠檬片 ………… 适量
薄荷叶 ………… 适量
温水 …………… 适量

做法

1　吐司沿着对角线切开。

2　将虾仁用热水烫熟。

3　将猕猴桃、草莓、胡萝卜、紫甘蓝洗干净，去皮切好。

4　吐司片装盘，依次铺上猕猴桃、草莓和核桃仁。

5　放上虾仁、胡萝卜和紫甘蓝点缀摆盘。

6　将适量的柠檬片放入瓶中，倒入温水泡一段时间。

7　把泡好的柠檬水倒入杯中，放上薄荷叶点缀即可。

培根和芦笋，永远的最佳拍档，早餐当然要试一试了！

培根芦笋吐司配果蔬&牛奶

材料

培根 ·················· 2片

芦笋 ·················· 2根

吐司 ·················· 1片

牛油果 ············· 适量

猕猴桃 ············· 适量

食用油 ············· 适量

盐 ···················· 少许

青椒 ················· 适量

菌子 ················· 适量

核桃仁 ············· 适量

牛奶 ················· 适量

草莓 ················· 2颗

大蒜 ················· 少量

做法

1　将吐司去边切片，牛油果去核切片，猕猴桃去皮切片。

2　芦笋入锅煮熟，培根放少量油用平底锅煎熟。

3　青椒、菌子、大蒜洗净后切片。

4　在锅中放入食用油加热，放入大蒜爆香，随后放入菌子翻炒，再放入青椒和盐炒熟。

5　在切好的吐司片上铺上牛油果，再放上培根、芦笋、青椒、菌子、核桃仁、猕猴桃和草莓点缀，最后将牛奶倒入杯中就可以了。

在难得的周末，做一份蔬果沙拉抚慰有些负荷的肠胃，感受一下清淡的曼妙。

全麦吐司配蔬果盘&百香果柠檬汁

材料

全麦吐司…………2片
虾仁 ……………… 适量
牛油果………… 适量
紫甘蓝………… 适量
开水 ……………… 适量
百香果………… 适量
柠檬片……………2片

做法

1 吐司切片。

2 虾仁用热水煮熟后捞出备用。

3 牛油果、紫甘蓝洗净，分别切块切丝备用。

4 将虾仁、牛油果、紫甘蓝摆入盘中，即成蔬果盘。

5 百香果洗净后，将果肉挖出放入杯子中，用开水冲泡成果汁。

6 柠檬片切出一个小口，插在杯沿上做装饰。

三明治面包中包含的松软里料丰富得让你一咬，就
能感受到令人惊喜的饱满。

全麦鸡蛋三明治配山竹核桃&牛奶

材料

全麦吐司	适量
红豆吐司	适量
即食火腿	适量
鸡蛋碎	适量
沙拉酱	适量
黑胡椒粉	少许
盐	少许
生菜	适量
核桃仁	适量
牛奶	适量
山竹	适量

做法

1 在鸡蛋碎中加入沙拉酱、黑胡椒粉和
少许盐拌匀。

2 均匀抹在全麦吐司片上，再盖上一片
红豆吐司。

3 涂抹上沙拉酱，铺上一片即食火腿和
生菜，最后盖上全麦吐司，切分好三
明治。

4 在盘中摆上生菜，放上三明治。

5 山竹洗净后去壳放入盘中，再放上核
桃仁点缀。

6 牛奶倒入准备好的杯子中即可饮用。

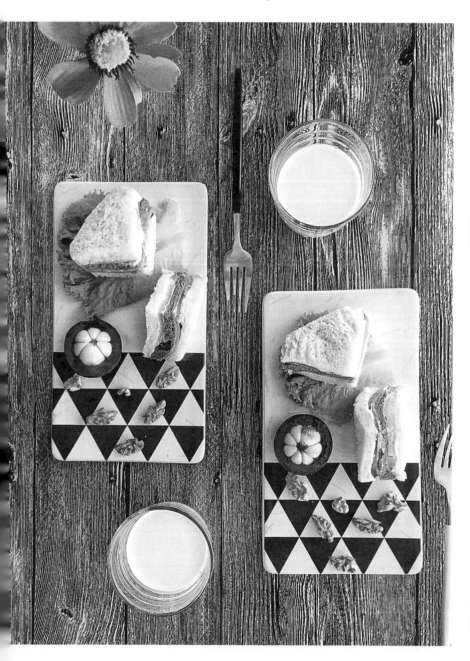

蔬菜、火腿、吐司，这是一个不一样的三明治组合
早餐。

蔬菜火腿吐司&牛奶谷麦圈

材料

吐司 …………… 适量

即食火腿 ……… 适量

青豆 …………… 适量

番茄酱 ………… 适量

生菜 …………… 适量

蓝莓 …………… 2颗

车厘子 ………… 4颗

玉米粒 ………… 适量

谷麦圈 ………… 适量

牛奶 …………… 适量

核桃 …………… 2个

做法

1 吐司一分为二切成长条铺在盘子上。

2 青豆煮熟捞出和生菜、即食火腿一起铺在吐司上。

3 将少许番茄酱涂抹在吐司上点缀。

4 再在盘中摆上玉米粒、蓝莓和车厘子，最后放上核桃。

5 将适量谷麦圈放入准备好的杯子里，倒入牛奶浸泡即可。

这是一款热量超低的三明治，害怕长肉的爱美人士
千万不能错过了！

蔬菜三明治配多样水果&苏打水

材料

吐司	适量
生菜	适量
番茄	适量
即食火腿	适量
猕猴桃	适量
西柚	适量
橙子	适量
核桃仁	2个
苏打水	适量

做法

1　把洗净的生菜、番茄、猕猴桃切好
　　备用。

2　将即食火腿切片，和番茄、生菜一起
　　铺在吐司上。

3　再铺上一层吐司，重复步骤2。

4　铺上吐司，沿着其对角线切开，摆放
　　在盘中。

5　猕猴桃切片，西柚、橙子去皮切成小
　　三角摆盘，然后放上核桃仁点缀。

6　准备两个杯子，倒入苏打水即可。

Chapter 3

晨养之道，这些粥彻底改变了我

一年之计在于晨，

而这晨养之道，

必然就在粥点上了。

在阳光明媚的晨间，来些养生粥品，

让平时负荷过重的肠胃感受别样的清淡与美味吧！

荤素搭配的粥品，加上极为营养的蔬果，吃起来唇齿留香，让人根本停不下来。

香菇鸡肉粥&养生蔬果

材料

鸡胸肉 ············· 50克
胡萝卜 ············· 30克
香菇 ··············· 适量
豌豆 ··············· 适量
盐 ················· 少许
大米 ··············· 适量
紫薯 ··············· 适量
杏仁 ··············· 适量
清水 ··············· 适量
香蕉 ··············· 2根
猕猴桃 ············· 适量

做法

1 大米洗净备用。

2 胡萝卜、香菇洗净切丁，豌豆洗净备用。

3 鸡胸肉洗净焯水，去除鸡肉上面的浮沫。

4 将准备好的食材倒入大米中，加适量清水和少许盐，放入电饭煲熬煮。

5 将熬煮好的粥盛入碗中。

6 将香蕉、猕猴桃去皮切块。

7 紫薯放入锅中蒸熟后，取出切块放入盘中，最后撒上适量的杏仁即可。

米香伴着蔬菜的清香，加之嫩红色的虾肉点缀，真
把人勾得垂涎不已。

蔬菜香菇虾粥&石榴蓝莓粒

材料

大米 ················	适量
青菜 ················	适量
香菇 ················	适量
鲜虾 ················	适量
盐 ················	少许
清水 ················	适量
蓝莓 ················	适量
石榴 ················	1个
核桃 ················	2个

做法

1　将大米、青菜、香菇洗净，然后把青菜、香菇切丝备用。

2　鲜虾洗净煮熟，切去虾头虾尾，再剥去外壳。

3　将虾肉腹部和背部的虾线剔除，切丁。

4　将处理好的食材倒入大米中，加入适量清水、盐，放进电饭煲中熬煮即可。

5　将石榴剥开，取出其中的石榴粒。

6　把石榴粒和蓝莓放入盘中，摆上核桃即可。

煎出一个美美的太阳蛋摆放在盘中，铺上其他的材料，一道艺术感满满的早餐就做出来了。

板栗粥&太阳蛋配西柚

材料

板栗 ·············· 100克

生姜 ·············· 10克

大米 ·············· 适量

玉米粒 ············ 适量

西柚 ·············· 适量

芝麻 ·············· 少许

盐 ················ 少许

橄榄油 ············ 少许

核桃 ·············· 2个

鸡蛋 ·············· 2个

青豆荚 ············ 适量

做法

1　大米淘洗干净，生姜削皮后拍碎，放置一旁备用。

2　将板栗去皮，切成碎粒放入大米中。

3　加入拍碎的生姜，然后将粥熬至浓稠状态。

4　最后加入少许盐，温热服食。

5　热锅，倒入少许橄榄油，打入鸡蛋。

6　在鸡蛋周围加入适量的清水，盖上锅盖，焖熟鸡蛋后取出摆盘，撒上少许芝麻。

7　将青豆荚、玉米粒洗净煮熟，捞出摆盘，最后再放上西柚和核桃。

早餐手札

生活中我们常常用到鸡蛋，其本身的蛋白质品质仅次于母乳，是人类最好的营养来源之一。据分析，每100克鸡蛋中含有蛋白质12.8克，其中含有人体必需的8种氨基酸，并与人体蛋白质的组成极为近似，因而人体对鸡蛋蛋白质的吸收率可高达98%。

同时，鸡蛋的蛋黄中含有的丰富的卵磷脂、固醇类及各类维生素等成分有益于大脑发育，因此，鸡蛋又是较好的健脑食品。

营养价值极高的它们，价格却十分平民，故而在饭桌上，鸡蛋也是常见的一种菜肴。煎炒蒸煮，不同的工艺可以做出不同的佳肴，无论是用哪一种烹饪手法，都要记住鸡蛋烹饪时不可用时过久，以免营养流失。

玉米燕麦粥是一道简单且好喝的保健粥，淡黄色的
粥飘着玉米的清香味，你是不是也被吸引了呢？

玉米燕麦粥配双果&柠檬水

材料

燕麦仁·············10克

玉米粉·············15克

冷水··············适量

苹果··············适量

火龙果············适量

柠檬片·············2片

温水··············适量

做法

1 玉米粉用冷水调成稀玉米糊。

2 将燕麦仁去除杂质洗净，放入锅内，
   加适量的水煮至燕麦熟而开花。

3 将调好的玉米糊慢慢倒入煮熟的燕麦
   仁锅内，用勺搅匀。

4 烧沸后改用小火稍煮，出锅装入碗中。

5 苹果洗净后去皮切块。

6 火龙果剥去外皮，将果肉切块，和
   苹果块一起摆盘。

7 在杯中放入柠檬片，倒入适量温水
   即可搭配着早餐食用。

早餐手札

苹果有红苹果和青苹果之分，两者之间最直接的区别就是甜度，红色的苹果甜度较高，绿色的则相反，其果酸含量较高，因而吃起来的味道比红苹果要酸涩很多。不管是哪一种苹果，它都有美容养颜的作用。苹果中含有的大量维生素，能够美白皮肤，淡化脸上的斑点。同时，它本身所富含的苹果酸也可以有效地抑制脂肪增长，防止体态过胖。

除此之外，苹果还有"智慧果"的美称。多吃苹果有增进记忆、提高智能的效果。作为一种水果，它的食用方法也是多种多样的。除了直接食用，还可以将它晒成果干，或制作成果酱、甜点等。

在食材简单的基础上，保证每天能够食用一个鸡蛋，对人体而言是有益无害的。

小米粥&香肠太阳蛋配葡萄

材料

小米 …………… 适量
白糖 …………… 适量
胡萝卜 ………… 适量
亚麻籽粉………… 适量
黄瓜 …………… 适量
香肠 ……………2根
鸡蛋 ……………2个
橄榄油………… 少许
葡萄 ……………2颗
核桃 ……………2个

做法

1 小米洗净，然后加入适量的清水和白糖拌匀。

2 把小米粥放入电饭煲中熬煮，完成后装入碗中。

3 热锅，倒入少许橄榄油，敲入鸡蛋将其煎熟。

4 把鸡蛋放入盘中，撒上亚麻籽粉。

5 将葡萄对半切开，黄瓜切片后用模具压出形状，香肠切片后摆盘。

6 用挖勺器将胡萝卜挖成球状摆盘，最后配上核桃即可。

吐司也能玩出新花样？利用苹果和葡萄干，一道创意十足的早餐就呈现在餐盘上了。

南瓜粥&荷包蛋面包配苹果

材料

大米 ⋯⋯⋯⋯⋯50克
南瓜 ⋯⋯⋯⋯⋯100克
吐司 ⋯⋯⋯⋯⋯2片
苹果 ⋯⋯⋯⋯⋯1个
葡萄干 ⋯⋯⋯⋯适量
黑芝麻 ⋯⋯⋯⋯适量
核桃 ⋯⋯⋯⋯⋯1个
鸡蛋 ⋯⋯⋯⋯⋯1个

做法

1　南瓜去皮洗净，切成块状，大米淘洗干净。

2　将南瓜块、大米倒入破壁机中，按下煮粥键熬煮，完成后装入碗中。

3　苹果洗净切块，切出兔耳朵的造型摆盘，再放上核桃。

4　用模具将鸡蛋煎成圆饼状。

5　同样用模具将吐司片中间掏空，放入鸡蛋，撒上少许黑芝麻，再摆上葡萄干即可。

在炎热的天气中，你还在为早餐烦恼吗？熬一碗消
暑的绿豆粥吧！

绿豆粥&营养蔬果配鸡蛋

材料

绿豆 …………… 适量

大米 ……………50克

冰糖 …………… 适量

番茄 …………… 适量

黄瓜 …………… 适量

橘子 …………… 适量

核桃仁………… 适量

白煮蛋…………1个

核桃 …………2个

做法

1　绿豆用清水提前浸泡一个晚上。

2　将浸泡好的绿豆和大米洗净，放入电
　饭煲内，加入冰糖一起熬煮。

3　煮好后盛入碗中即可。

4　黄瓜洗净后去皮，用削皮刀刮出长薄
　片，番茄同样洗净待用。

5　橘子剥皮后，掰成瓣摆盘，再配上2
　个核桃。

6　白煮蛋去壳后，将其一分为四摆盘。

7　将黄瓜片微微卷起，和番茄、核桃仁
　一起放入盘中。

蔬果配上鸡胸肉，一道法式浪漫早餐悄然诞生，伴
着晨间的微风，品味两个人的幸福食光。

小米大枣粥&蔬菜鸡胸肉

材料

小米 ················ 适量

大枣 ················ 适量

芒果 ················ 适量

圣女果 ·············· 适量

薄荷叶 ·············· 适量

鸡胸肉 ·············· 适量

水果黄瓜 ············ 2根

核桃 ················ 2个

做法

1　小米洗净，大枣洗净去核。

2　将小米和大枣分别放入电饭煲中，加
　　入适量清水，选择熬粥键。

3　熬煮完成后，装入碗中。

4　将鸡胸肉冲洗干净，切片后煮熟。

5　芒果洗净切丁，圣女果、水果黄瓜洗
　　净后切片。

6　在盘子上摆上薄荷叶、圣女果、鸡胸
　　肉、芒果和水果黄瓜，配上核桃，就
　　可以和粥一起食用了。

一个普普通通的鸡蛋饼，也可以玩出不一样的造
型，你见过这样的早餐吗?

大枣小米米糊&鸡蛋饼配石榴葡萄干

材料

小米 ················ 适量

大枣 ················ 适量

石榴 ················ 适量

葡萄干 ············· 适量

鸡蛋 ················ 适量

橄榄油 ············· 适量

做法

1 小米、大枣洗净备用。

2 放入破壁机中选择"米糊"功能键熬煮。

3 完成后盛入碗中。

4 将鸡蛋敲入碗中搅拌均匀。

5 热锅，倒入少许的橄榄油，再加入鸡蛋煎成饼状。

6 将蛋饼切成四等份，摆在盘中。

7 石榴去皮取出石榴粒，摆在鸡蛋饼的间隙中。

8 最后铺上葡萄干即可。

在清一色的米白色中，西蓝花起到很重要的点睛作用，除此之外，它还是女性必备的最佳美容粥。

西蓝花肉丸粥&果蔬杏仁

材料

西蓝花…………… 适量

肉丸 ……………… 适量

大米 ……………… 适量

盐 ………………… 适量

紫薯 ……………… 适量

猕猴桃…………… 适量

杏仁 ……………… 适量

核桃 ……………2个

做法

1 大米洗净，西蓝花洗净切块，肉丸取出备用。

2 将西蓝花和肉丸倒入大米中，加入适量清水和盐，放入电饭煲中，按下煮粥功能键。

3 紫薯洗净后入锅蒸熟，猕猴桃洗净去皮切片，和杏仁一起放入盘中。

4 另外配上两个核桃一起食用即可。

黄澄澄的米粥中，搭配上一颗大枣，既不显寡淡又
富有营养，这样的早餐你是不是也心动了呢？快来
试一试吧！

小米大枣粥&鸡蛋蔬菜饼配石榴粒

材料

小米 …………… 适量

黄瓜 …………… 适量

金针菇 ………… 适量

紫甘蓝 ………… 适量

鸡蛋 …………… 适量

石榴 …………… 适量

薄荷叶 ………… 适量

大枣 …………… 2颗

圣女果 ………… 1个

橄榄油 ………… 少许

核桃 …………… 2个

做法

1　小米洗净，大枣洗净后去核备用。

2　把小米和大枣放入电饭煲中，加入适量清水熬煮。

3　熬煮好后，盛入碗中。

4　将鸡蛋敲入碗中搅拌均匀。

5　热锅放入少许橄榄油，倒入鸡蛋液煎熟。

6　黄瓜洗净切片，紫甘蓝切丝，圣女果切块，金针菇焯水后捞出备用。

7　把薄荷叶铺在盘中，放上煎好的鸡蛋饼。

8　将处理好的黄瓜、紫甘蓝、金针菇、圣女果铺在鸡蛋饼上。

9　最后取出石榴中的石榴粒装盘，配上2个核桃即可。

Chapter 4

养胃饼&米线，充满爱心的全家餐点

汤粉米线和各种类型的面饼，

一直是人们餐桌上常见的早餐。

发挥自己的奇思妙想，

普通的餐点也可以做得很不一样！

在餐盘上玩涂鸦你试过吗？将天马行空实现于餐盘
之上，趣味美味二者皆得。

黄瓜胡萝卜饼配橙片&牛奶

材料

面粉 ············· 100克

胡萝卜 ·········· 150克

黄瓜 ············· 150克

橄榄油 ··········· 适量

橙片 ············· 适量

牛奶 ············· 适量

核桃 ············· 2个

做法

1　将黄瓜、胡萝卜洗净去皮切块。

2　把黄瓜和胡萝卜分别打成糊，各取100克待用。

3　把黄瓜糊和50克面粉混合搅拌，直到提起勺子时，面糊呈流水状。

4　用同样的方式制成胡萝卜面糊。

5　上锅热油，舀入蔬菜面糊，用小火煎至凝固后翻面，微煎片刻后出锅。

6　把蔬菜饼随意摆放在盘中，再放上橙片点缀。

7　在准备好的杯子中倒入适量的牛奶，搭配上核桃，这样早餐就完成了。

看似平凡无奇，没有什么特别的面饼，却出乎意料
的好吃！

开胃藕饼配苹果片&牛奶

材料

莲藕 ················· 50克

胡萝卜 ············· 30克

鸡胸肉 ············· 50克

鸡蛋 ················· 1个

盐 ··················· 少许

橄榄油 ············· 适量

杏仁 ················· 适量

苹果 ················· 适量

淀粉 ················· 30克

牛奶 ················· 适量

做法

1 胡萝卜、莲藕洗净后切碎，鸡胸肉切块后剁成肉泥待用。

2 将胡萝卜和莲藕倒入肉泥中，加入淀粉和鸡蛋，用筷子搅拌均匀。

3 平底锅中放入适量橄榄油和盐，加热后倒入肉糊，用小火慢慢煎至藕饼两面金黄后装盘。

4 将苹果洗净切片，摆放在盘中，放上杏仁点缀。

5 最后在杯中倒入适量的牛奶即可。

像下酒菜的早餐你吃过吗？毛豆和玉米饼的搭配，
一种新的早餐尝试。

玉米饼配毛豆鸡蛋&玫瑰花茶

材料

玉米 ·················1个
香梨 ·················1个
生鸡蛋 ···············1个
白煮蛋 ···············1个
核桃 ·················1个
面粉 ··············70克
胡萝卜 ···············1根
橄榄油 ···············适量
盐 ··················适量
温水 ·················适量
食用玫瑰花 ·········适量
熟毛豆 ···············适量

做法

1 胡萝卜切丝，香梨一分为二，用挖勺器挖取果肉，白煮蛋去壳对半切开。

2 玉米洗净后扒出玉米粒，然后放入搅拌机中搅碎。接着加入鸡蛋搅拌均匀，再加入面粉搅拌均匀。

3 平底锅中加适量橄榄油和盐烧热，倒入拌好的面糊，小火煎至两面金黄。

4 取出煎好的玉米饼，切成长条状摆盘。

5 将香梨球叠放在玉米饼上，再在盘中放上白煮蛋、熟毛豆，摆上核桃。

6 将食用玫瑰花倒入杯中，用温水冲泡即可。

用南瓜做成的小小南瓜饼，口感软糯，甜而不腻，
带着甜椒的颗粒感，真是一种完美的味觉享受。

彩色南瓜饼猕猴桃鸡蛋&牛奶

材料

面粉 ⋯⋯⋯⋯⋯⋯50克

南瓜 ⋯⋯⋯⋯⋯100克

甜椒 ⋯⋯⋯⋯⋯ 适量

盐 ⋯⋯⋯⋯⋯⋯ 适量

橄榄油 ⋯⋯⋯⋯ 适量

白煮蛋 ⋯⋯⋯⋯1个

猕猴桃 ⋯⋯⋯⋯ 适量

牛奶 ⋯⋯⋯⋯⋯2杯

核桃 ⋯⋯⋯⋯⋯2个

做法

1　南瓜去皮切块，放入蒸锅中蒸熟，然后取出搅拌成泥状。

2　将不同颜色的甜椒洗净切丁，倒入南瓜泥中。

3　南瓜泥中再加入面粉搅拌均匀，揉成圆球，再压成小圆饼状。

4　平底锅中倒入适量橄榄油和盐，烧热后倒入面饼，用小火煎至两面金黄，起锅装盘。

5　猕猴桃洗净后去皮切片，白煮蛋去壳切成两半，一起摆在盘中。

6　配着早餐的营养搭档核桃，和牛奶一同享用即可。

芹菜叶子其实很有营养价值，为了发挥它最大的价值，今天就来试试芹菜叶饼吧！

芹菜叶饼配南瓜石榴&牛奶

材料

芹菜叶 ·············· 20克
鸡蛋 ·················· 2个
面粉 ·················· 40克
盐 ······················ 适量
橄榄油 ·············· 适量
石榴粒 ·············· 适量
南瓜 ·················· 适量
杏仁 ·················· 适量
薄荷叶 ·············· 少许
牛奶 ·················· 适量
核桃 ·················· 2个

做法

1　锅中注入清水烧开，放入芹菜叶焯水约10秒钟，捞出芹菜叶，切碎备用。

2　鸡蛋打入碗中搅散，加入芹菜叶搅拌均匀，再加入面粉和盐搅拌成面糊。

3　平底锅中加入适量橄榄油，倒入面糊，用小火慢慢煎至两面金黄。

4　将煎好的芹菜叶饼切好装盘。再把石榴粒放入盘中，摆上少许杏仁。

5　南瓜去皮切块后蒸熟，同样摆放在盘子中，放上少许薄荷叶点缀。

6　将牛奶倒入杯中，配上核桃和芹菜叶饼一起食用。

紫薯饼和黑芝麻的组合，出乎意料地和红心火龙果
撞脸了，不过它们的口感一点儿也不一样。

紫薯饼配冰糖山楂&黄瓜苹果汁

材料

紫薯 ·············· 150克

面粉 ·············· 适量

黑芝麻 ············ 适量

黄瓜 ·············· 200克

苹果 ·············· 2个

冰糖山楂 ········· 适量

橘子 ·············· 适量

杏仁 ·············· 适量

做法

1 紫薯去皮切块，放入蒸锅蒸熟。

2 蒸熟后取出放凉，搅拌成泥状，加入少许面粉和紫薯泥混合均匀（紫薯泥和面粉的比例大约为5:1）。

3 搅拌均匀后把紫薯揉成圆球，裹上黑芝麻，再压成小小的圆饼。

4 放入预热好的烤箱，以165℃的温度烤15分钟。

5 将橘子去皮掰瓣，和杏仁、冰糖山楂一起放在盘子上。

6 黄瓜和苹果洗净，切块。

7 放入榨汁机中打成果汁即可。

色彩斑斓的早餐，让你眼前一亮的同时，也被它的
味道深深折服。

燕麦鸡蛋饼配黑布林橙片&牛奶

材料

即食燕麦·········· 适量

热水 ················ 适量

鸡蛋 ················ 适量

面粉 ················ 适量

盐 ·················· 适量

生菜 ················ 适量

橄榄油 ············· 适量

番茄 ················ 适量

胡萝卜 ············· 适量

黑布林 ············· 适量

橙子 ················ 适量

牛奶 ··············· 适量

做法

1 燕麦加入热水泡熟。

2 然后加入鸡蛋、面粉和盐，搅拌均匀。

3 平底锅中放入适量橄榄油，加热后将
搅拌好的燕麦倒入，迅速均匀铺开。

4 蛋饼凝固后，翻面煎熟装盘。

5 番茄洗净后切片，生菜洗净，胡萝卜
洗净去皮切条。

6 在蛋饼上铺上生菜、胡萝卜和番茄。

7 橙子、黑布林切片，放入盘中点缀。

8 在杯子中倒入适量的牛奶即可。

鸡蛋软滑的口感和淡淡的香味几乎没有一个人能够
抗拒，更何况是这样风味十足的鸡蛋饼呢！

三丝鸡蛋饼配柿子&牛奶

材料

鸡蛋 ……………………1个

甜椒 …………………… 适量

南瓜 …………………20克

胡萝卜 …………………20克

中筋面粉 …………50克

橄榄油 …………………… 适量

猕猴桃 ………………… 适量

柿子 ………………… 适量

核桃 ………………… 2个

杏仁 ………………… 适量

牛奶 ………………… 适量

做法

1 甜椒、南瓜、胡萝卜洗净切丝。

2 锅中注入适量清水烧开，倒入三种蔬菜丝，焯1分钟后捞出，沥干水分放凉备用。

3 取一个大碗打入鸡蛋，加入三种蔬菜丝和面粉，搅拌均匀。

4 平底锅中加适量橄榄油烧热，倒入面糊，小火煎至两面金黄。

5 将煎好的鸡蛋饼切块，摆入盘中。

6 柿子洗净切片，猕猴桃去皮切片，放在盘子中点缀。

7 在准备好的杯子中倒入适量的牛奶。

8 最后配上核桃和杏仁，健康又营养的早餐就完成了。

厚实的面饼中，包含了你所想象不到的丰富营养，
快来品尝一下这道早餐吧！

鲜虾蔬菜米饼配双果&牛奶

材料

鲜虾	适量
葱花	适量
杏仁	适量
腰果	适量
火龙果	适量
猕猴桃	适量
鸡蛋	1个
胡萝卜	10克
中筋面粉	10克
卷心菜	10克
米饭	20克
食用油	少许

做法

1　胡萝卜和卷心菜洗净后切碎待用。

2　鲜虾剥去虾头虾尾，去壳，然后将虾仁腹部和背部的虾线剔除，虾仁剁成泥。

3　将鸡蛋打散后加入面粉、米饭、葱花、胡萝卜、卷心菜，搅拌均匀。

4　起锅开小火，刷一层薄薄的食用油，用勺子舀入面糊。

5　将面糊稍微铺平，煎至底部凝固后翻面，前后大约煎3分钟。

6　最后在盘中摆上火龙果、猕猴桃、杏仁和腰果，把牛奶倒入杯中即可。

一碗米线，一碟开胃菜，这个早餐好满足！

小锅米线&酸辣开胃菜

材料

米线 ··············· 200克
五花肉 ·············· 适量
韭菜 ··············· 适量
水腌菜 ·············· 适量
酱油 ··············· 适量
骨头汤 ·············· 适量
胡椒粉 ·············· 适量
油辣椒 ·············· 适量
味精 ··············· 适量
紫薯 ··············· 适量
凉拌莲藕 ··········· 适量
木耳 ··············· 适量
石榴粒 ·············· 适量

做法

1 先把五花肉剁成肉末，用少许酱油搅拌均匀，腌渍片刻。

2 韭菜洗净切段备用，取适量的水腌菜备用。

3 米线用清水淘洗一下。

4 骨头汤倒入锅中，加入水腌菜和肉末煮沸。

5 加入米线，倒入适量酱油再次煮沸，最后加入韭菜，至其断生关火。

6 放入少许味精和胡椒粉，最后加入适量的油辣椒。

7 取出凉拌的莲藕木耳放入盘中。

8 紫薯蒸熟后去皮切块，同样把它摆在盘中，最后再放上石榴粒即可。

与意大利面相比，米线的口感更为柔软，搭配营养
的虾肉和西蓝花，味道很不错。

鲜虾凉米线&番茄口蘑汤

材料

米线 ⋯⋯⋯⋯⋯200克
虾仁 ⋯⋯⋯⋯⋯ 适量
西蓝花 ⋯⋯⋯⋯ 适量
香菜 ⋯⋯⋯⋯⋯ 适量
鸡枞油 ⋯⋯⋯⋯ 适量
生抽 ⋯⋯⋯⋯⋯ 适量
生姜 ⋯⋯⋯⋯⋯ 适量
醋 ⋯⋯⋯⋯⋯⋯ 适量
盐 ⋯⋯⋯⋯⋯⋯ 少许
橄榄油 ⋯⋯⋯⋯ 适量
口蘑 ⋯⋯⋯⋯⋯ 适量
番茄 ⋯⋯⋯⋯⋯ 适量
核桃 ⋯⋯⋯⋯⋯2个

做法

1 米线用清水淘洗一下，沥干水分。

2 生姜部分切丝，部分切片，再将番茄、口蘑、虾仁、西蓝花冲洗干净。

3 锅中注入清水烧开，放入生姜片和虾仁焯熟，捞出虾仁过凉水，沥干水分。同样，西蓝花加入适量盐焯熟。

4 在米线中加入虾仁、西蓝花、鸡枞油、香菜、生抽和醋搅拌均匀。

5 把拌好的米线装盘，配上核桃点缀。

6 锅中注入适量橄榄油烧热，加入姜丝炒香，再放上番茄、口蘑翻炒，最后倒入清水烧沸即可出锅。

早餐手札

西蓝花又名花椰菜、花青菜，因其自身的热量低、含水量高，所以深受人们的欢迎。而它所含的矿物质成分比其他蔬菜更全面，钙、磷、铁、钾、锌、锰等含量十分丰富。

在外形上，西蓝花长得和花球一般，造型讨巧且烹饪之后的味道也极为爽口。它所富含的维生素C，不仅能够保护视力、促进人体生长发育，还能增强人体的免疫力。而西蓝花中的微量元素，还能起到抗癌防癌的效果。

然而对于西蓝花，人们习惯食用其花球的部分，却忽略了西蓝花的根部。在烹饪西蓝花的时候，完全可以将它的根部利用起来，先将根部入锅炒熟，再放入花球一起翻炒，就可以完成一道营养全面又可口的佳肴了。

蛋白质十分丰富的鲜虾遇上鸡毛菜，会碰撞出怎样
的火花呢？让我们拭目以待！

蔬菜青虾米线配香蕉苹果&柠檬水

材料

米线 ⋯⋯⋯⋯⋯200克
青菜 ⋯⋯⋯⋯⋯ 适量
青虾 ⋯⋯⋯⋯⋯ 适量
生姜 ⋯⋯⋯⋯⋯ 适量
盐 ⋯⋯⋯⋯⋯ 少许
胡椒粉 ⋯⋯⋯⋯⋯ 适量
香菇 ⋯⋯⋯⋯⋯ 适量
香蕉 ⋯⋯⋯⋯⋯1条
苹果 ⋯⋯⋯⋯⋯1个
柠檬片 ⋯⋯⋯⋯⋯2片
温水 ⋯⋯⋯⋯⋯ 适量
核桃 ⋯⋯⋯⋯⋯2个
食用油 ⋯⋯⋯⋯⋯ 少许

做法

1 用清水淘洗米线，沥干水分备用。

2 青菜洗净，青虾去虾须，生姜切条。

3 锅里倒入适量油烧热，放姜条、青虾炒至变色。

4 另置一锅，加入适量的水、胡椒粉和盐烧开。

5 放入青菜烫熟，随后加入香菇稍煮片刻即可捞出，汤底留用。

6 米线同样烫熟后，捞出装入碗中，然后倒入汤底，放上青菜、香菇及炒好的青虾。

7 香蕉、苹果去皮切片放入盘中，再放上早餐的营养伴侣核桃。

8 将柠檬片放入杯子之后，倒入适量温开水冲泡即可。

早餐手札

美味又营养的虾也是人们生活中爱吃的一种食物，烹饪过后的鲜虾，味鲜肉软，容易消化，对于虚弱或者病后需要调养的人而言，它是很好的滋补品。而虾分为海水虾和淡水虾两种，海水虾又叫红虾，它的壳比淡水虾硬，颜色比淡水虾鲜艳，体型也比淡水虾大，这种虾有菜中之"甘草"的美称。

虾含有丰富的营养物质，如蛋白质、脂肪、糖类、谷氨酸等，具有增强人体免疫力、抗早衰的功效。而它本身所富含的碘质，对人类的健康也是极有裨益的。

鲜虾虽然美味，但在饮食搭配上若有不当，于人体可是有害的。如番茄、大枣、橙子等，不能和鲜虾一同食用，否则会产生毒素，危害人体健康。

尝过凉米线、汤米线，今天就来试试炒米线吧！一种材料不同做法，做出来的味道完全不一样。

炒米线配鸡蛋柚子&苏打水

材料

米线 ·············· 200克
猪肉末 ············· 50克
韭菜 ··············· 50克
橄榄油 ············· 适量
盐 ················· 适量
柚子 ··············· 适量
白煮蛋 ············· 1个

做法

1　米线用清水淘洗一下，沥干水分备用。

2　韭菜洗净后切段，白煮蛋去壳对半切开备用。

3　在平底锅中加入适量橄榄油烧热，倒入猪肉末翻炒，依次加入韭菜段、米线和盐翻炒均匀后盛入盘中。

4　将柚子剥去果皮，果肉和鸡蛋一起放入盘中就可以了。

5　取出苏打水，倒入杯中，配着餐点一起饮用即可。

豆花米线是云南昆明有名的特色小吃，味道香辣爽滑，只要尝试过就会被它所折服。

豆花米线&冰糖山楂

材料

米线 ·············· 200克
新鲜豆花 ········ 100克
韭菜 ·············· 50克
花生 ·············· 少许
芝麻 ·············· 少许
甜咸酱油 ········ 5毫升
辣椒油 ·········· 5毫升
蒜姜汁 ·········· 适量
胡椒面 ·········· 少许
辣面酱 ·········· 15克
猕猴桃 ·········· 适量
杏仁 ·············· 适量
冰糖山楂 ·········· 2颗
牛奶 ·············· 适量

做法

1 用清水淘洗米线，沥干水分备用。

2 把新鲜韭菜洗干净切碎，花生炒香春碎。

3 辣面酱用小半勺水兑稀。

4 在米线上放蒜姜汁，甜咸酱油和辣面酱。

5 把韭菜撒在上面，再放碎花生、芝麻、胡椒面和辣椒油，最后倒上豆花，即成豆花米线。

6 猕猴桃洗净后去皮切片，和杏仁、冰糖山楂一起放入盘中。

7 将牛奶倒入准备好的杯子中即可。

酸咸适中的榨菜，搭配米线食用，非常开胃。

茄汁榨菜米线配香蕉黑布林&柠檬水

材料

米线 ·············200克
番茄 ·············适量
熟肉末 ···········适量
榨菜丝 ···········适量
葱花 ·············适量
姜片 ·············适量
花椒粉 ···········适量
盐 ···············少许
生抽 ·············适量
香醋 ·············适量
辣椒油 ···········适量
香菜 ·············适量
鸡精 ·············适量
热水 ·············适量
布林 ·············适量
香蕉 ·············适量
核桃 ·············2个
柠檬片 ···········2片

做法

1　将米线淘洗干净，番茄切块备用。

2　油锅烧热，放入番茄和姜片，中小火煸炒出番茄汁，再倒入适量热水烧开。

3　加入葱花、熟肉末、榨菜丝、花椒粉、生抽、盐、鸡精煮5分钟，制成浇头。

4　在空碗中依次放入生抽、香醋、辣椒油、盐、香菜及少许开水调匀备用。

5　另起一锅，注水烧开后，放入米线烫2分钟，再捞出放入备好料的碗中。然后倒入浇头。

6　香蕉去皮切片，布林切片摆入盘中，放上2个核桃点缀。

7　杯中放入柠檬片，用热水冲泡即可。

卤米线是云南常吃的一种食物，它究竟有什么迷人
的魔力呢？试一试你就知道了。

卤米线配开胃果&淡盐水

材料

猪肉	适量
姜蒜	适量
丁香	适量
辣椒粉	适量
白糖	适量
黑胡椒粉	适量
花椒粉	适量
五香粉	适量
鸡精	适量
酱油	适量
料酒	适量
盐	少许
油	少许
葱花	适量
米线	适量
花生碎	适量
蓝莓	适量
冰糖山楂	适量
温水	适量

做法

1 猪肉洗净，切成1厘米左右的小丁，姜蒜切末。

2 锅里热少许油，放入姜蒜末、丁香翻炒，加入辣椒粉，翻炒均匀。

3 放入肉丁，放入4匙白糖，翻炒几分钟。

4 调入15毫升酱油、30毫升料酒、鸡精、盐、黑胡椒粉、花椒粉和五香粉，翻炒一会儿。

5 炒2分钟左右，加入少许水，拌匀，盖上锅盖，转小火焖40~60分钟即可。

6 干米线入锅煮软捞出，舀上几勺卤好的肉，加几勺汤汁，撒上葱花，加少许盐和花生碎就可以了。

7 在盘中摆上冰糖山楂、蓝莓，把温水倒入杯中，加少许盐即可。

香软的米线，颗粒分明的牛肉，吃上几口就能感受
到小时候的味道。

牛肉米线配果盘&黄瓜汁

材料

牛肉 ················ 适量

米线 ·············· 200克

骨头汤 ············· 适量

生姜 ················ 适量

花椒 ················ 适量

盐 ·················· 适量

韭菜 ················ 适量

薄荷 ················ 适量

油 ·················· 适量

紫薯 ················ 适量

猕猴桃 ············· 适量

人参果 ············· 适量

杏仁 ················ 适量

黄瓜 ················ 适量

凉开水 ············· 适量

做法

1　米线用清水漂洗干净后备用。

2　生姜洗净后切片待用，牛肉洗净后切成丁，韭菜洗净切成段。

3　平底锅内倒入适量油烧热，依次加入生姜、花椒、牛肉、盐翻炒至熟盛出。

4　另取一锅加入骨头汤烧开，放入米线、韭菜和适量盐，稍煮片刻。

5　将炒好的牛肉浇在米线上，加入薄荷点缀。

6　紫薯蒸熟后切片，猕猴桃去皮切片，人参果切块，和杏仁一起摆在盘中。

7　黄瓜切块，和凉开水一起放入榨汁机中榨汁，榨取完成后倒入杯中。

一碗米线，配上营养满分的大鸡腿，是不是忍不住了呢？偶尔也来放纵一下吧！

鸡腿米线配果盘&柠檬水

材料

米线 …………… 300克

鸡腿 ………………… 2个

生姜 ………………… 适量

米醋 ………………… 适量

白糖 ………………… 适量

料酒 ………………… 适量

生抽 ………………… 适量

油 …………………… 适量

盐 …………………… 适量

葱 …………………… 适量

香菜 ………………… 适量

蒜泥 ………………… 适量

芝麻油 ……………… 适量

高汤 ………………… 适量

猕猴桃 ……………… 适量

橙子 ………………… 适量

杏仁 ………………… 适量

柠檬片 ……………… 适量

做法

1　用剪刀在鸡腿根部剪开，去除腿骨，用刀把鸡腿肉切成小块放入碗中备用。

2　米线提前用清水浸泡30分钟，高汤入锅煮热。

3　在鸡腿中加入适量的盐、生抽、米醋、白糖、料酒、蒜泥和芝麻油腌渍1小时。

4　平底锅倒入适量油烧热，加入生姜爆香，把腌渍好的鸡腿肉倒入锅中炒至表面收紧。

5　加入刚才腌渍鸡腿肉的汁，再加入适量清水，盖上盖子大火煮开转小火焖10分钟。

6　烧开水后，下入泡好的米线，煮透。

7　捞出米线，加入鸡腿、香菜、葱，最后冲入滚烫的高汤。

8　猕猴桃洗净切片，橙子切去头尾，再对半切开，切块（不要切断），将处理好的水果摆盘，再摆上杏仁。

9　柠檬片放入杯中，用温水冲泡即可。

清早起来没有胃口？试着将爽口开胃的酸萝卜和米
线搭配在一起吧，这是一个拯救胃口的早餐行动。

酸萝卜小锅米线配人参果黑布林&柠檬水

材料

米线 ……………200克

里脊肉 …………50克

酸萝卜 ………… 适量

水腌菜 ………… 适量

香菜 …………… 适量

葱花 …………… 适量

姜末 …………… 适量

酱油 …………… 适量

盐 ……………… 少许

骨头汤 ………… 适量

白胡椒 ………… 适量

豌豆尖 ………… 适量

豆芽 …………… 适量

韭菜 …………… 适量

辣椒油 ………… 少许

黑布林 …………1个

人参果 …………1个

柠檬片 …………2片

温水 …………… 适量

做法

1 米线用清水淘洗一下备用。

2 将韭菜切段，水腌菜、里脊肉剁碎。

3 锅中倒入骨头汤大火煮至沸腾，加入
   白胡椒、姜末、里脊肉。

4 依次放盐、酱油、水腌菜和米线，待
   汤水沸后下韭菜段、豌豆尖、豆芽。

5 起锅前淋入辣椒油，然后把米线倒入
   碗中，再放上酸萝卜、葱花和香菜就
   完成了。

6 黑布林、人参果洗净，切片摆盘。

7 杯中放入柠檬片，用温水冲泡即可。

Chapter 5

幸福西点，两个人的甜蜜食光

亲手做西点，

将满满的爱意融入掌心下的材料中，

带着最美好的心情和期待，

为他做出一道道精美的可口食物。

艳而不俗的红丝绒蛋糕，配上一杯咖啡，惬意无
比，让人心生错觉，这究竟是早餐还是下午茶？

红丝绒蛋糕配蔬果&咖啡

材料

鸡蛋 ···················5个

低筋面粉··········50克

白糖 ·················90克

玉米油·········40毫升

红曲粉 ············10克

柠檬汁 ··········· 3毫升

粟粉 ·················10克

橘子 ················· 适量

胡萝卜 ············· 适量

玉米 ················· 适量

薄荷叶············· 适量

开水 ················· 适量

速溶咖啡············2包

做法

1 将鸡蛋的蛋清、蛋黄分离并分别装入碗中。

2 蛋黄加入30克白糖，用搅拌器搅打至蛋黄体积膨胀且呈乳白色。

3 加入玉米油搅拌均匀，然后将低筋面粉、粟粉、红曲粉混合过筛后，倒入蛋黄中搅拌至无颗粒状。

4 蛋清中加入柠檬汁和60克白糖，用电动打蛋器打至湿性发泡，制成蛋白霜。

5 取一半的蛋白霜与面糊混合翻拌，再把面糊倒入剩下的蛋白霜中拌匀。

6 把拌好的面糊倒入爱心模具中，再放入预热好的烤箱，以上火150℃、下火120℃的温度，烤40分钟左右。

7 蛋糕烤好后使其冷却，再切片摆盘。

8 玉米剥皮去须后蒸熟，切片放入盘中，点缀上薄荷叶。

9 橘子剥皮掰瓣，胡萝卜用挖勺器挖出球状放入盘中搭配着蛋糕食用。

10 最后用开水冲泡速溶咖啡粉即可。

香甜的味道扑鼻而来，光是闻着就让人心动不已，

赶紧来尝一尝这道早餐吧！

枣泥马芬蛋糕配鸡蛋蓝莓&牛奶双莓谷麦圈

材料

红糖 ···············45克

牛奶 ··············· 适量

鸡蛋 ···············2个

低筋面粉 ·········80克

大枣 ···············5克

色拉油 ·········50毫升

小苏打 ·············1克

泡打粉 ·············1克

白煮蛋 ············· 适量

薄荷叶 ············· 适量

蓝莓 ··············· 适量

树莓 ··············· 适量

谷麦圈 ············· 适量

做法

1 大枣用温水浸泡饱满后，去核切碎。

2 在料理机中加入适量牛奶和部分大枣打碎，然后把红糖磨成粉状过筛。

3 把牛奶混合物倒入红糖粉末中，搅拌均匀，再加入鸡蛋、色拉油拌匀。

4 小苏打和泡打粉过筛加入低筋面粉，再倒入步骤3的混合物中，制成面糊倒入模具，撒上大枣碎，放入预热好的烤箱，以170℃的温度烤25分钟。

5 取出烤好的蛋糕装盘，摆上蓝莓、白煮蛋和薄荷叶点缀。

6 把蓝莓、树莓、谷麦圈放入杯中用牛奶浸泡即可。

早餐小点心，绿色外皮包裹着紫色的馅料，这个铜
锣烧很不一样。

抹茶铜锣烧配紫薯&牛奶谷麦圈

材料

鸡蛋 ·················2个
细砂糖 ············70克
蜂蜜 ···············5克
低筋面粉 ········130克
抹茶粉 ·············4克
泡打粉 ·············1克
牛奶 ···············适量
谷麦圈 ············适量
紫薯 ···············2个
杏仁 ···············适量
蓝莓 ···············适量
糖粉 ···············适量
橄榄油 ············适量

做法

1 用电动打蛋器将鸡蛋打散，加入细砂糖搅拌均匀。

2 加入蜂蜜继续搅拌，直至打发到液体黏稠后，加入100毫升牛奶搅拌均匀。

3 将低筋面粉、抹茶粉、泡打粉过筛后加入混合液中，再将其搅拌至面糊流动状态，盖上保鲜膜放入冰箱静置30分钟拿出。

4 平底锅加入适量橄榄油，舀一勺面糊倒入锅中微煎，待面糊开始慢慢起小泡，再用铲子掀起翻一面，约15秒左右出锅。

5 紫薯蒸熟后去皮，和蓝莓、杏仁一起摆盘，最后撒上糖粉点缀。

6 将谷麦圈放入杯中，用牛奶浸泡就完成了。

浓郁的奶香是不是已经勾起了你的食欲了呢？看似
平凡的面包，也有你所想象不到的美味。

奶酪早餐包配鸡蛋西蓝花&苏打水

材料

面粉	200克
牛奶	1/2杯
酵母	5克
鸡蛋	1个
白糖	15克
盐	少许
植物油	适量
蛋液	适量
西蓝花	适量
奶酪	适量
白煮蛋	1个
大枣	4枚
苏打水	适量

做法

1 将面粉、鸡蛋、牛奶、白糖、酵母、
植物油和少许盐放在面碗中搅拌均
匀，加入少许清水，揉成面团。

2 把和好的面团放在锅中发酵5小时。

3 取出发好的面团，擀成饼状，在中间夹
上奶酪对折，静置20分钟再次发酵。

4 把奶酪面包上刷一层蛋液，再在烤盘
上刷一层植物油。

5 烤箱预热，以上、下火180℃的温度
烤制20分钟。

6 白煮蛋去壳后对半切开，西蓝花焯水
后装入盘中，再放上大枣搭配。最后
在马克杯中盛入适量的苏打水即可。

高颜值的小点心，瞬间俘获人们的眼球，既然心动
了，那就来试试吧！

紫薯燕麦球配玉米番茄秋葵&牛奶

材料

紫薯 ················ 适量

燕麦 ················ 适量

香蕉 ················ 适量

脱脂奶 ·············· 适量

秋葵 ················ 2根

番茄 ················ 适量

玉米 ················ 适量

牛奶 ················ 适量

做法

1 紫薯去皮切块后入锅蒸熟。

2 取出蒸好的紫薯，加入脱脂奶压成泥状。

3 香蕉剥皮切块，同样压成泥状。

4 将紫薯泥揉成一个个小球，压扁，中间加入香蕉泥做馅，再揉成小球，表面裹上一层燕麦。

5 放入微波炉中火转3分钟后，将紫薯燕麦球取出，摆盘。

6 玉米剥皮去须后入锅蒸熟，秋葵焯水烫熟，番茄洗净切片。

7 将熟玉米切片、秋葵切片，和番茄一起放入盘中。

8 在准备好的杯子中，倒入牛奶即可。

早餐手札

和其他的蔬菜相比，秋葵的最大的特点就是它与众不同的黏腻口感。在处理秋葵的时候，会有黏液流出。这些黏液，正是秋葵的价值所在。它实际上是一种多糖的物质，即膳食纤维。这些黏液可以减缓人体对糖分的吸收，平衡血糖值。

再者，秋葵热量较低，本身含有很多可溶性纤维素，可以促进消化和胃肠道蠕动，因此被许多减肥者推崇。除了这些，它还有保护皮肤、美容养颜、治疗胃炎和胃溃疡的功效。所以，秋葵又被誉为人类最佳保健蔬菜之一。

在烹饪秋葵前，无论是清炒或凉拌，都会先将它进行焯水处理。但是要注意在焯水的时候，秋葵应该整棵放入锅中，事后再做切割，这样可以避免秋葵体内的黏液流失。

偶尔偷个小懒，做一顿简单的早餐，将营养集聚于
一个面包之中，好吃又省事。

杂粮包配双果鸡蛋&莲子薏米羹

材料

高筋面粉·········250克

杂粮颗粒··········25克

红糖··············30克

鸡蛋··············30克

可可粉·············2克

盐················3克

酵母··············3克

黄油··············10克

清水··········140毫升

烤过核桃碎·······50克

杏仁片··········200克

白煮蛋·············1个

猕猴桃············适量

火龙果············适量

核桃仁············适量

开水··············适量

速冲莲子薏米羹···2包

做法

1　将高筋面粉、杂粮颗粒、红糖、可可粉、鸡蛋、盐、酵母和140毫升清水混合搅拌至表面光滑，再加入黄油搅拌，然后放在室温下发酵40分钟。

2　将面团分割成小团状，松弛20分钟。

3　将面团擀开，放入烤过核桃碎铺平，再卷成圆柱形，蘸上杏仁片。放在25℃的温度下发酵50分钟。

4　发酵后将面团放入烤箱，以190℃的温度烘烤18分钟。

5　将猕猴桃和火龙果去皮切片，白煮蛋去壳对半切开，和核桃仁一起摆盘。最后将速冲莲子薏米羹倒入杯中用开水冲泡即可。

早餐手札

核桃又称胡桃、羌桃，与杏仁、腰果、榛子并称为世界著名的"四大干果"。核桃仁的形状就像一个脑子，食用起来先是呈现些许微苦，而后又转为淡淡的甜味，味道十分特别。

因为核桃的营养价值丰富，故而它有"长生果""益智果"等美誉。其自身含有丰富的蛋白质、脂肪、矿物质和维生素，这些元素让核桃有了健脑、延缓衰老等功效。然而核桃营养价值虽然极高，却不适合吃多。因为它的脂肪量很高，一天吃三到四颗即可。

核桃中含有丰富的蛋白质，它可以帮助调理内分泌，也可以为我们补充身体所需的营养。另外，食用核桃还可以有乌发的效果，爱美的女士千万不要错过。

外皮酥脆、内馅香软的酥皮泡芙就和面包一般大
小，泡芙控们千万不能错过了！

酥皮泡芙配西柚&柠檬水

（材料）

糖粉 ·················55克
低筋面粉········205克
牛奶 ··········170毫升
无盐黄油········155克
白糖 ··············10克
鸡蛋 ···············3个
柠檬 ···············1/2个
温水 ··············适量
西柚 ··············适量
核桃仁············适量

（做法）

1　将80克黄油软化后混入糖粉，将其搅拌均匀。加入100克过筛后的低筋面粉，由下至上翻拌均匀，直到没有粉末颗粒，制成酥皮。

2　把酥皮装入保鲜袋整形成圆柱形，放入冰箱冷藏。

3　将牛奶、75克黄油和白糖混合，然后加热至沸腾后，加入105克低筋面粉，快速搅拌至至无颗粒，熄火。

4　鸡蛋打入碗中，逐个加入面糊，快速搅拌均匀。直至面糊提起后呈倒三角状，再拌至面糊光泽柔顺就可以了。

5　将面糊装入裱花袋，在铺上油纸的烤盘上均匀挤上面糊。取出冷藏好的酥皮，切块盖在挤好的面糊上。

6　放入预热好的烤箱，以上火200℃、下火160℃烤10分钟，接着以上火180℃、下火160℃，烤15分钟。

7　取出烤好的泡芙放在盘中，再放上西柚、核桃仁点缀。把柠檬切片放入杯中，倒入适量的温水冲泡即可。

诱人的蒜香配着酥脆的口感，一口又一口，真的好满足！

蒜香法棍配虾仁西蓝花&挂耳咖啡

材料

盐 ················ 少许

黄油 ··············· 适量

大蒜 ··············· 适量

香菜 ··············· 适量

法香碎 ··········· 少许

法棍 ··············· 1/2根

蓝莓 ··············· 适量

开水 ··············· 适量

挂耳咖啡 ··········· 2包

核桃 ··············· 2个

虾仁 ··············· 适量

西蓝花 ··········· 适量

红提 ··············· 适量

做法

1 法棍斜切成片，大蒜去皮，捣碎。

2 将黄油放入碗中，隔水溶化后刷在面包片上。

3 再把香菜切碎，与蒜泥、盐、法香碎混合，涂抹在面包片上。

4 烤箱预热，以上下火200℃的温度烤10分钟左右。

5 虾仁、西蓝花分别焯水捞出，和红提、蓝莓一起摆盘，再放上核桃就可以了。

6 撕开挂耳咖啡的滤纸袋，挂在杯沿上注入适量的开水冲泡即可。

抹茶的清香于蜜豆的粉糯相融，毫不违和的味道，
香甜却不会让人生厌，这样的吐司你吃过吗？

抹茶蜜豆吐司配小月饼&苏打水

材料

高筋面粉·········260克
酵母················3克
盐 ·················3克
鸡蛋···············1个
白糖···············40克
抹茶粉············10克
牛奶··········155毫升
黄油···············30克
蜜豆··············适量
白煮蛋············1个
红提···············6颗
小月饼············2个
核桃···············2个
苏打水············适量

做法

1　将高筋面粉、酵母、盐、鸡蛋、白糖、抹茶粉和牛奶混合，揉至扩展阶段加入黄油。

2　将面团揉至完全阶段，盖上盖子发酵至两倍大。

3　发酵完成后，排气滚圆，盖上盖子醒15分钟。

4　取出饧发好的面团，将其擀开，宽度对照模具的宽度。

5　码上蜜豆，卷起面团再放入模具里。

6　在烤箱底层放一碗热水，将面团放入烤箱启动发酵模式45分钟。

7　发酵好后盖上吐司盖，以上下火180℃的温度烘烤40分钟。

8　取出烤好的吐司，脱模切片。

9　红提洗净，白煮蛋去壳切块，再摆上小月饼和核桃。

10　最后将苏打水倒入杯中即可。

简单又好吃的燕麦红糖饼干，而且还很适合减肥期
间食用哦。

燕麦红糖饼干配健康蔬果&牛奶

材料

燕麦 ················· 适量

生鸡蛋 ············· 适量

红糖 ················· 适量

白煮蛋 ·············1个

火龙果 ············· 适量

冰糖山楂 ·········· 适量

西蓝花 ············· 适量

牛奶 ················· 适量

苹果 ················· 适量

做法

1　将生鸡蛋打入碗中搅散，加入红糖、
燕麦，搅拌均匀后，放入盘子中压
实，表面铺平。

2　放入微波炉高火转2分钟，热好后取
出切块。

3　火龙果用挖勺器取其果肉放入盘中，
再放上冰糖山楂。

4　将西蓝花洗净，放锅中焯水烫熟，捞
出放在盘子上。

5　白煮蛋去壳对半切开，苹果切块摆
盘，最后把牛奶倒入杯子中即可。

Chapter 6

快手料理，乐活族的早午餐提案

周末到了，想睡懒觉又不想错过早餐？

那就试试早午餐吧！

专为乐活族而作。

用最短的时间完成一道营养全面的Brunch，

你也可以做到。

酸甜适中的馄饨，让人食欲大增，搭配着水果餐食
用，真是再合适不过了。

秋葵水果粒&番茄馄饨

材料

番茄	适量
金针菇	适量
馄饨	适量
油	适量
盐	少许
鸡粉	少许
清水	少许
香油	少许
蓝莓	适量
芒果	适量
石榴	适量
核桃	2个
秋葵	适量

做法

1 番茄洗净，去皮切片。

2 金针菇切去头部，洗净沥干水分。

3 热油锅，放入番茄翻炒片刻后，加少
   许清水熬煮。

4 将番茄煮至出沙，加入盐、鸡粉调味。

5 接着倒入金针菇、馄饨，大火煮2～3
   分钟。

6 熄火，加入香油拌匀即可装盘。

7 秋葵洗净后入锅煮熟，摆盘。

8 蓝莓、芒果、石榴洗净，然后将芒果
   去皮切丁、石榴取其石榴粒摆盘，再
   配上核桃就可以了。

小小的菠菜饺也可以摆出新花样，精心装点过的早餐，看上去倒有些不忍下手了。

菠菜饺配鸡蛋红提&牛奶

材料

面粉 ················200克

菠菜汁 ············95毫升

猪肉糜 ············ 适量

盐 ·················· 少许

鸡精 ··············· 少许

生抽 ··············· 适量

料酒 ··············· 适量

十三香 ············· 适量

淀粉 ··············· 适量

紫菜 ··············· 适量

胡萝卜 ············· 适量

蓝莓 ···············4颗

红提 ···············6颗

核桃仁 ············· 适量

白煮蛋 ·············1个

牛奶 ··············· 适量

做法

1　菠菜和少许清水用搅拌机打成菠菜糊，过滤菠菜汁倒入面粉中揉成光滑的面团，盖上保鲜膜静置半小时。

2　在猪肉糜里面加入盐、鸡精、生抽、料酒、十三香、淀粉，顺一个方向搅匀制成饺子馅。

3　把面团分成均匀的等份，一致揉圆，擀成薄面皮，再放入肉馅包好。

4　锅里水烧热后加少许盐，放入饺子煮熟。捞出煮好的饺子摆盘，蓝莓、红提洗净后也一并放在盘中。

5　将胡萝卜切成长条形，白煮蛋去壳对半切开，再放上紫菜碎、核桃仁点缀，最后在杯中倒入牛奶即可。

不同方式烹饪出来的菜肴自然味道有所区别，今天
就来试试煎饺的摆盘早餐吧！

煎饺鸡蛋配草莓黄瓜&苏打水

材料

猪瘦肉 ············· 250克

饺子皮 ············· 400克

干云耳 ·············· 20克

胡萝卜 ·············· 80克

马蹄 ················· 2个

蚝油 ············· 5毫升

生抽 ············· 4毫升

油 ················· 适量

香葱 ················· 3克

盐 ················· 3克

生粉 ················· 2克

黄瓜 ················· 适量

草莓 ················· 1颗

核桃 ················· 2个

白煮蛋 ················· 1个

牛奶 ················· 适量

做法

1 猪瘦肉用绞肉机绞成肉泥，调入蚝油、生抽、生粉、盐和油调味，顺着一个方向搅拌。

2 干云耳提前泡发洗净，切碎后加入肉泥中搅匀。

3 加入切碎的胡萝卜及马蹄碎拌匀，然后加入葱花拌匀，即成饺子馅。

4 饺子皮包上适量的馅料，边沿抹一圈的水，让饺子皮更有黏性。

5 在盘子中涂一层油防黏，放上饺子上锅蒸15分至熟后，取出冷却。

6 不粘锅倒入少量的油烧热，放入放凉的饺子小火慢煎。

7 用筷子给饺子翻个面，饺子皮呈现金黄色，用筷子敲打能发出响声时就可以出锅了。

8 煎饺装盘，放上去壳的白煮蛋。

9 黄瓜切条，草莓切块，加上核桃摆盘，然后将牛奶倒入杯中即可饮用。

黄瓜、胡萝卜、西柚拼凑出的小丑模样，看着这样
的早餐你还敢吃吗?

果蔬创意摆盘&酸奶大枣玉米脆片

材料

酸奶 …………… 适量

大枣 …………… 适量

玉米脆片 ……… 适量

葡萄干 ………… 适量

西柚 …………… 适量

黄瓜 …………… 适量

胡萝卜 ………… 适量

做法

1　西柚剥去外皮，取其果肉放入盘中。

2　黄瓜洗净后去皮，切成片状摆盘。

3　胡萝卜去皮后，切成块状摆盘。

4　最后用葡萄干点缀盘中的造型。

5　大枣洗净切半，和玉米脆片一起放入碗中。

6　再加入适量酸奶即可。

紫薯花卷，一种创新的味道。一圈一圈的纹路，像
含苞待放的花朵，这个早餐你还舍得吃吗?

紫薯花卷配千丝果蔬蛋&百香果柠檬汁

材料

面粉 …………… 250克
紫薯 …………… 250克
酵母粉 ………… 4克
树莓 …………… 适量
蓝莓 …………… 适量
白煮蛋 …………… 1个
青柠片 …………… 2片
百香果 …………… 1个
温水 …………… 适量
烤茄子 …………… 适量
白糖 …………… 适量
核桃 …………… 2个

做法

1　紫薯去皮切块蒸熟，然后将其碾压成泥，取紫薯泥和面粉混合，然后加入酵母粉和成面团。

2　将面团发酵至其体积呈两倍大小后，排气松弛几分钟，分别擀成长方形的片状，厚度约5毫米。

3　两个面片叠加在一起，卷成约10厘米长的卷，再切成长度2厘米左右的段。

4　将两段面团底部叠放，稍微拉长后扭转，把两头捏在一起，花卷胚就做好了，然后盖上屉布再醒发20分钟。

5　热锅上笼，用中偏大的火蒸35分钟。

6　在盘中摆上树莓、蓝莓、白煮蛋和烤茄子，配上核桃。

7　挖出百香果的果肉，放入杯中，兑入适量的温水，按个人喜好加入白糖冲泡，最后放入青柠片即可。

饭团还是面包？一道模糊了概念的早餐。

培根饭团配橙丁核桃&牛奶

材料

米饭 ·················· 1碗
培根 ·················· 适量
海苔 ·················· 适量
白芝麻 ··············· 适量
香油 ·················· 适量
油 ···················· 适量
核桃仁 ··············· 适量
橙丁 ·················· 适量
牛奶 ·················· 适量
核桃 ·················· 2个

做法

1 煎锅上热油，放入培根煎熟，沥掉油备用。

2 将海苔用剪刀剪碎备用。

3 米饭放碗内，放入适量香油、白芝麻、碎海苔拌匀后，捏成长条饭团。

4 用事先煎好的培根卷住饭团。

6 把橙丁和核桃仁放入盘中。

7 将牛奶倒入准备好的杯子中，配上核桃即可。

火龙果和米饭的结合，清爽而不油腻，是炎炎夏日
中最适合食用的餐点。

火龙果米饭团配西蓝花杏鲍菇&柠檬水

材料

火龙果 ············· 适量
米饭 ··············· 适量
紫薯 ··············· 适量
香蕉 ··············· 适量
杏鲍菇 ············· 适量
橄榄油 ············· 适量
黑胡椒 ············· 适量
西蓝花 ············· 适量
温水 ··············· 适量
柠檬片 ·············2片
核桃 ···············2个

做法

1　将熟米饭热一下，与火龙果搅在一起碾碎。

2　紫薯入锅蒸熟后去皮压成泥状，香蕉去皮后也同样压成泥状。

3　戴上一次性手套，将米饭混合物握在手中，分别加入紫薯泥和香蕉泥，搓成饭团摆入盘中。

4　杏鲍菇切片，然后锅中倒入适量橄榄油烧热，放入杏鲍菇煎至两面金黄，撒上黑胡椒调味。

5　西蓝花焯水后和炒好的杏鲍菇一起摆盘。

6　在杯中放入柠檬片，兑入适量温水，配上核桃即成早餐。

淡红色的番茄汤，配着筋道爽口的金针菇，是一道
很开胃的汤品。

紫薯荷兰豆配紫甘蓝虾仁&番茄金针菇汤

材料

紫薯	适量
虾仁	适量
荷兰豆	适量
猕猴桃	适量
核桃仁	适量
芒果丁	适量
紫甘蓝	少许
金针菇	适量
番茄	适量
盐	少许
油	少许
香油	适量

做法

1 将番茄和金针菇洗净，然后把番茄切块。

2 在锅中倒入少许油烧热，倒入番茄和金针菇翻炒至半熟。

3 然后在锅中注入适量的清水，熬煮15分钟左右。

4 再放入盐和香油调味即可出锅。

5 紫薯洗干净后煮熟切片，荷兰豆、虾仁同样也洗净煮熟。

6 猕猴桃去皮切片摆盘，紫甘蓝取少许洗净切丝摆盘点缀，最后再放上芒果丁和核桃仁。

香浓的芝士熔化在蛋饼里，一口下去，留下满嘴
奶香。

芝士厚蛋烧配猕猴桃&牛奶

材料

鸡蛋 ·················2个

芝士 ·················1片

芹菜 ·············20克

胡萝卜 ·············20克

盐 ·················适量

橄榄油 ············ 适量

猕猴桃 ············· 适量

核桃 ·················2个

牛奶 ················· 适量

杏仁 ················· 适量

做法

1 胡萝卜、芹菜洗净切碎，芝士切丁。

2 在一个大碗中，打入两个鸡蛋。

3 加入胡萝卜和芹菜碎搅拌均匀，然后
   加入适量盐调味。

4 平底锅加入适量橄榄油加热，小火情
   况下倒入蛋液。

5 随即放入芝士丁，在蛋液成形后将其
   卷起来。

6 卷起后稍微在锅内停留1分钟取出，
   切块装盘。

7 猕猴桃去皮切片，和杏仁一起摆放在
   盘中。

8 在杯中倒入适量牛奶，搭配着核桃一
   起食用。

看着如此素淡的餐点，你是否也无法想象它本身所
含有的丰富营养呢？

虾仁配果蔬粒&酸奶谷麦圈

材料

酸奶 ················ 适量
大枣 ················ 数个
谷麦圈 ············· 适量
鲜虾 ················ 适量
苹果 ················ 适量
玉米 ················ 适量
薄荷叶 ············· 适量
核桃 ················2个

做法

1　鲜虾洗净后煮熟，剥去虾头虾尾和肠
　　线，摆盘。

2　苹果洗净后切块再切丁。

3　玉米入锅蒸熟后，取出扒下玉米粒。

4　把苹果和玉米粒放入盘中，加上薄荷
　　叶点缀，最后配上核桃。

5　将适量的大枣和谷麦圈放入碗中，倒
　　入适量酸奶即可。

香蕉也可以这样吃，你知道吗？这道低脂美味早餐，绝对值得你去尝试。

低脂香蕉燕麦配人参果秋葵&淡盐水

材料

鸡蛋 ……………………2个
香蕉 …………………… 适量
快熟燕麦 ……… 适量
脱脂牛奶 ……… 适量
葡萄干 …………… 适量
杏仁 …………… 适量
温水 …………… 适量
盐 ……………… 适量
核桃 ……………2个
秋葵 …………… 适量
人参果 …………… 适量

做法

1 将燕麦、脱脂牛奶混合，盖上保鲜膜放置一个晚上。

2 香蕉去皮切片，再把它整齐地码到燕麦上面。

3 在燕麦中打入鸡蛋。

4 将杏仁碾碎后，和葡萄干一起放入燕麦中。

5 把香蕉燕麦放入微波炉，以中火加热3~5分钟。

6 人参果洗净切成块状，秋葵焯水后捞出切片一起放在盘子上。

7 在杯中倒入适量的温水，加入少许盐拌匀即可。

8 最后放上核桃，配着早餐一起食用。

能量满满的燕麦能够让人元气充足一整天，那么当
它和水果、牛奶相遇之后，会产生怎样的结果呢？

牛奶水果燕麦&玉米西蓝花

材料

即食燕麦片········ 适量

鲜奶 ·················1杯

苹果 ··············· 1/4个

香蕉 ··············· 1/2根

葡萄干············· 若干

开水 ··············· 适量

西蓝花············· 适量

玉米 ··············· 适量

杏仁 ··············· 适量

做法

1 在碗中倒入适量的燕麦片，加入开水
冲泡。

2 鲜奶加入燕麦片中拌匀。

3 将苹果、香蕉去皮切片。

4 再加入到牛奶燕麦中，撒上葡萄干。

5 玉米去皮去须蒸熟，然后切成片状。

6 西蓝花焯水后捞出和玉米片一起放入
盘中，最后放上杏仁即可。

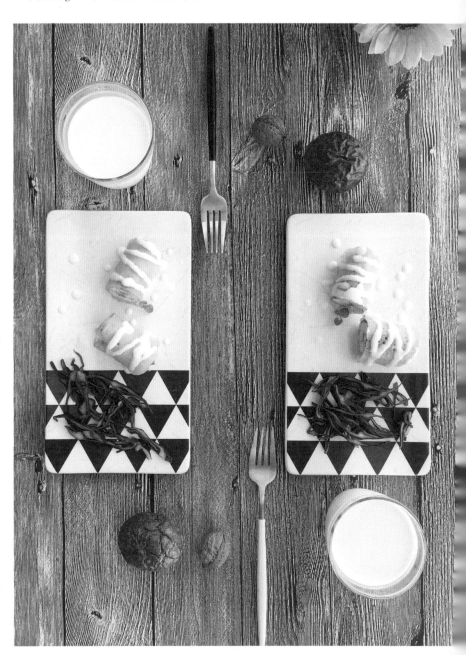

薄薄的一层蛋皮裹着饱满的香蕉果肉，果味与蛋香
并重，简单又好吃！

香蕉卷配紫甘蓝&酸奶

材料

低筋面粉··········30克

牛奶··········100毫升

色拉油··········10毫升

鸡蛋··················1个

香蕉··················1根

白糖··············10克

紫甘蓝············适量

薄荷叶··············2片

百香果··············2个

核桃··················2个

酸奶··············适量

做法

1 取一个大碗，打入鸡蛋，加入白糖、色拉油和牛奶，用手动打蛋器拌匀。

2 再加入面粉搅拌均匀至面糊没有明显的面粉颗粒。

3 用筛网反复将面糊过筛两三次。

4 平底锅小火加热，倒入面糊，一次性不要倒入太多，避免面皮过厚。

5 小火煎至面皮表面冒大泡时，熄火。用余温加热至其熟透。

6 然后用锅铲慢慢松动面皮，一点点掀起来放在菜板上。

7 香蕉去皮，放在面皮上卷起来，切成小段放入盘中，淋上酸奶调味，再放上薄荷叶点缀。

8 紫甘蓝洗净后切丝一同放在盘中。

9 将酸奶倒入杯中，搭配着百香果和核桃一同食用。

苹果、炒蛋能够拼成什么花样？紫薯酸奶谷麦圈，光是颜
色就让人十分好奇它的味道。

桃子鸡蛋配核桃&紫薯酸奶谷麦圈

材料

紫薯……………… 适量

酸奶……………… 适量

谷麦圈…………… 适量

鸡蛋……………… 适量

桃子……………… 适量

油 ………………… 适量

盐 ………………… 少许

核桃仁…………… 适量

做法

1　桃子洗净后去核，切成片状。

2　将鸡蛋打入油锅，放入少许盐翻炒至
　　熟盛出。

3　在盘中摆放桃子片、炒蛋和核桃仁。

4　紫薯洗干净蒸熟切丁，放入搅拌机中
　　搅打成泥状。

5　盛入碗中，加入适量酸奶和谷麦圈
　　拌匀即可。

为爱洗手做早餐